输变电工程施工质量要点手册

线路工程

国网上海市电力公司　组编

U0261574

中国电力出版社
CHINA ELECTRIC POWER PRESS

图书在版编目（CIP）数据

输变电工程施工质量要点手册.线路工程 / 国网上海市电力公司组编 . — 北京：中国电力出版社，2022.10
ISBN 978-7-5198-7149-9

Ⅰ.①输… Ⅱ.①国… Ⅲ.①输电－电力工程－工程施工－工程质量－技术手册②变电所－电力工程－工程施工－工程质量－技术手册③输电线路－电力工程－工程施工－工程质量－技术手册 Ⅳ.① TM7-62 ② TM63-62

中国版本图书馆 CIP 数据核字（2022）第 191967 号

出版发行：中国电力出版社
地　　址：北京市东城区北京站西街 19 号（邮政编码 100005）
网　　址：http://www.cepp.sgcc.com.cn
责任编辑：周秋慧（010-63412627）
责任校对：黄　蓓　王海南
装帧设计：张俊霞
责任印制：石　雷

印　　刷：三河市万龙印装有限公司
版　　次：2022 年 10 月第一版
印　　次：2022 年 10 月北京第一次印刷
开　　本：880 毫米 ×1230 毫米　32 开本
印　　张：1.625
字　　数：47 千字
印　　数：0001—3000 册
定　　价：17.00 元

前　言

　　为贯彻"百年大计、质量第一"方针，弘扬"精益求精、追求卓越"的工匠精神，针对施工现场可能发生人身事故和质量问题的主要危险点和易发人群，普及基本安全质量教育，统一工艺标准，规范施工流程，国网上海市电力公司组织有关单位编制《输变电工程施工质量要点手册》。

　　该系列手册包括《变电电气工程》《变电土建工程》《线路工程》《电缆工程》四个分册，主要面向参加输变电施工工程建设，又缺乏现场经验的各类人员，主要包括初入职的学生、劳务作业人员等。手册以安全规章、施工验收规范为框架，辅以有关制度，对施工质量要点进行全面梳理和总结，在内容上力求通俗易懂，努力体现"主要""常见""现场"三个特点。

　　本分册为《线路工程》，内容主要参考《国家电网有限公司输变电工程标准工艺　架空线路工程分册》等。旨在提高线路工程的质量管理水平，促进施工质量的提高，满足其检查、验收和质量评定的需要。

　　鉴于编者水平有限，书中难免存在疏漏之处，敬请读者批评指正。

编者

2022 年 7 月

目 录

第1章 原材料及器材的检验

（1）工程所使用的原材料及器材均须经过项目部抽样送检合格，具备该批产品出厂质量检验合格证书。基础原材料堆放如图1-1所示。

图1-1 基础原材料堆放

（2）预拌混凝土配置强度、坍落度应符合要求，按照项目部试验合格的配合比进行搅拌混凝土。

（3）不得使用海砂、海水。

（4）混凝土所用外加剂的质量及应用技术应符合现行国家标准。

（5）钢筋、地脚螺栓、插入式角钢（钢管）、接地装置等表面应无污物，对数量和规格进行再次核对。

（6）导线的型号、规格、包装等应现场进行检查。

（7）金具、绝缘子、电力金具螺栓及杆塔螺栓等现场应进行外观检查，无破损，数量和规格符合图纸要求。

第2章 测量

（1）测量用的仪器及量具在使用前应经过项目部送检合格，计量器具检验报告如图 2-1 所示。

图 2-1　计量器具检验报告

（2）使用经纬仪和全站仪测量时，其精度等级不应低于 2″ 级。

（3）档距复测宜采用全站仪或卫星定位施测。施测时应以设计提供的坐标值为依据进行检验或校核，塔位中心桩与前后方向桩的距离不宜小于 100m。

（4）路径复测中质量检验允许偏差要求如下：

1）转角桩角度允许偏差：±1′30″。

2）档距允许偏差：±1%。

3）被跨越物高程允许偏差：±0.5m。

4）杆（塔）位高程允许偏差：±0.5m。

5）地形凸起点高程允许偏差：0.5m。

6）直线塔桩横线路位置偏移允许偏差：50mm。

7）被跨越物与邻近杆（塔）位水平距离允许偏差：±1%。

8）地形凸起点、风偏危险点与邻近杆（塔）位的水平距离允许偏差：±1%。

路径复测如图 2-2 所示。

（5）设计交桩后丢失的杆塔位中心桩应按设计数据予以补桩。

（6）分坑测量前必须依据设计给定的数据对线路进行复测，并应以此作为测量基准。

（7）测量时应重点复核导线对地距离（含风偏）可能不够的地形凸起点的标高、杆塔位间被跨越物的标高及相邻杆塔位的相对高差。

（8）分坑时应根据杆塔位中心桩的位置设置用于质量控制及施工测量的辅助桩。对于施工中不便于保留的杆塔位中心桩，应在基础外围设置辅助桩，并保留原始记录。中心桩保护如图 2-3 所示。

图 2-2　路径复测

图 2-3　中心桩保护

第3章 土石方工程质量

（1）土石方施工应符合设计要求，减少需要开挖以外地面的破坏，合理选择弃土的堆放点。

（2）杆塔基础施工基面的开挖应以设计图纸为准、按不同地质条件确定开挖边坡。基面开挖后应无积水，边坡应无坍塌。基坑开挖如图3-1所示。

图 3-1　基坑开挖

（3）基坑开挖无积水、无坍塌。

（4）基坑开挖前做好中心桩保护。

（5）采用机械开挖基坑，距设计深度300~400mm时，宜改用人工开挖。

（6）杆塔基础的坑深应以设计施工基面为基准。基础开挖符合工艺要求如图3-2所示。

（7）基坑开挖深度和孔径符合图纸要求，掏挖基础和岩石基础尺寸不允许有负误差。基础坑深检查如图3-3所示。

图 3-2　基础开挖符合工艺要求

图 3-3　基础坑深检查

（8）其他形式基础的坑深允许偏差应为 –50~100mm。基底应平整。在允许偏差范围内，同基基础坑应按最深基坑操平。基础验槽如图 3-4 所示。

（9）预制基础坑深偏差在 100~300mm 时应填砂石处理，遇到泥水坑时应清除坑内泥水后铺石灌浆；坑深超过设计值 300mm 以上时，应按设计要求处理或铺石灌浆处理。

（10）杆塔基础坑及拉线基础坑的回填应分层夯实，回填后坑口上应筑防沉层，其上部边宽不得小于坑口边宽。有沉降的防沉层应及时补填夯实，工程移交时回填土不应低于地面。

（11）土方开挖遵循"开槽支撑，先撑后挖，分层开挖，严禁超挖"的原则。

（12）泥水坑应排出坑内积水后回填夯实。

（13）冻土坑回填前应将坑内冰雪清除干净，把土块捣碎、冰雪清除后回填夯实。冻土坑经历冻融期后应及时补充回填土。

（14）接地沟宜选取为掺有石块及其他杂物的泥土回填并应夯实，回填后应筑有防沉层，工程移交时回填土不得低于地面。基面平整如图 3-5 所示。

图 3-4　基础验槽

图 3-5　基面平整

第4章 基础工程质量

（1）钢筋绑扎牢固、均匀，严格控制钢筋保护层厚度，基础钢筋绑扎如图4-1所示。

（2）模板及支架应满足承载力、刚度和整体稳固性要求。模板表面平整，接缝严密，涂脱模剂。基础支模板如图4-2所示。

图4-1 基础钢筋绑扎

图4-2 基础支模板

（3）地脚螺栓规格型号正确，螺栓螺母型号匹配。

（4）基础混凝土中严禁掺入氯盐。

（5）同一个连续浇筑体中应使用相同品种、相同厂家、相同标号的水泥。同一基础中使用不同水泥时，应分别制作试块，并作记录。

（6）基础混凝土强度应以试块强度为依据。试块强度应符合设计要求。

（7）基础施工完成后，应采取保护基础成品的措施。

（8）基础防腐应按设计规定执行。

（9）当基坑地下水位较高或渗水量过大时，应采取场地截水、降水或水下灌注混凝土等有效措施。

二、现场浇筑基础

（1）基础现场浇筑前应支模，模板应采用刚性材料并支护可靠，表面应平整且接缝应严密。接触混凝土的模板表面应采取有效脱模措施。

（2）浇筑混凝土时应采取防止泥土等杂物混入混凝土中的措施。泵车浇筑商品混凝土如图 4-3 所示。

（3）现场浇筑基础中的地脚螺栓安装前应除去浮锈，螺纹部分应予以保护。地脚螺栓及预埋件应安装牢固，在浇筑过程中应随时检查位置的准确性。地脚螺栓成品保护如图 4-4 所示。

图 4-3　泵车浇筑商品混凝土　　　　图 4-4　地脚螺栓成品保护

（4）混凝土采用机械搅拌，并采用机械捣固，如图 4-5 所示。

图 4-5　机械捣固

（5）基础混凝土密实，表面平整、光滑，棱角分明，一次成型，严禁二次抹面。基础表面光滑平整如图 4-6 所示，基础倒角工艺如图 4-7 所示，基础表面平整、光滑，棱角分明，如图 4-8 所示。

图 4-6　基础表面光滑平整　　　　图 4-7　基础倒角工艺

（6）特殊地形无法机械搅拌、捣固时，应有专门的质量保证措施。混凝土下料高度超过 3m 时，应采取溜槽或串筒下料。混凝土使用串筒下料如图 4-9 所示。

图 4-8　基础表面平整、光滑，棱角分明　　图 4-9　混凝土使用串筒下料

（7）混凝土浇筑过程中应严格控制水胶比。每班日或每个基础腿，混凝土坍落度应至少检查 2 次。混凝土坍落度检查如图 4-10 所示。

（8）混凝土的运送频率应保证混凝土浇筑的连续性，且开始浇筑时不应超过混凝土的初凝时间。

（9）混凝土拌和物入模温度不应低于 5℃，且不应高于 35℃。

（10）试块应在现场浇筑过程中随机取样制作，并应采用标准养护。当有特殊需要时，应加做同条件养护试块。基础试块制作如图 4-11 所示。

图 4-10 混凝土坍落度检查　　图 4-11 基础试块制作

（11）试块制作数量应符合下列规定：

1）耐张塔和悬垂转角塔基础每基应取一组。

2）一般线路的悬垂直线塔基础，同一施工队每5基或不满5基应取一组，单基或连续浇筑混凝土量超过100m³时亦取一组。

3）按大跨越设计的直线塔基础及拉线基础，每腿应取一组，但当基础混凝土量不超过同工程中大转角或终端塔基础时，则每基应取一组。

4）当原材料变化、配合比变更时应另外制作试块。

（12）现场浇筑混凝土的养护应符合下列规定：

1）在终凝后12h内开始浇水养护，当天气炎热、干燥有风时，应在3h内开始浇水养护，养护时应在基础模板外侧加遮盖物，浇水次数应能够保持混凝土表面始终湿润。

2）外露的混凝土浇水养护时间不宜少于5天，输电线路大体积混凝土基础养护还应符合国家现行相关标准的规定。

3）基础拆模经表面质量检查合格后应及时回填，在基础外露部分加遮盖物，并应按规定期限继续浇水养护，养护时应使遮盖物及基础周围的混凝土始终保持湿润；插入式基础的主角钢（钢管）应找正，并应固定牢固，在浇筑过程中应检查其位置的准确性。

4）采用养护剂养护时，应在拆模并经表面检查合格后立即涂刷养护剂，涂刷后不得再浇水。

5）日平均气温低于5℃时，不得浇水养护。

（13）基础拆模时的混凝土强度应保证其表面及棱角不损坏。特殊形式的基础底模及其支架拆除时的混凝土强度应符合设计要求。

（14）浇筑基础应表面平整，单腿尺寸允许偏差应符合下列规定：

1）保护层厚度的负偏差不得大于 5mm。

2）立柱及各底断面尺寸的负偏差不得大于 1%。

3）同组地脚螺栓中心或插入角钢形心对设计值偏移不应大于 10mm。

4）地脚螺栓露出混凝土面高度允许偏差应为 –5~10mm。

（15）掏挖基础钢筋骨架应按照设计图纸要求，制作允许偏差应符合下列规定：

1）主筋间距允许偏差应为 ±10mm。

2）箍筋间距允许偏差应为 ±20mm。

3）钢筋骨架直径允许偏差应为 ±10mm。

4）钢筋骨架长度允许偏差应为 ±50mm。

（16）现浇铁塔基础（含插入式）检查（检验）主控项目及评定标准（允许偏差）：

1）地脚螺栓、插入角钢（钢管）与钢筋规格、数量应符合设计要求。

2）混凝土强度不小于设计值。

3）底板断面尺寸（mm）：与设计偏差不小于 –1%。

4）基础埋深：+100mm，–50mm。

（17）现浇铁塔基础（含插入式）检查（检验）一般项目及评定标准（允许偏差）：

1）立柱断面尺寸（mm）：与设计偏差不小于 –1%。基础立柱尺寸测量如图 4-12 所示。

2）钢筋保护层厚度：–5mm。基础保护层厚度测量如图 4-13 所示。

 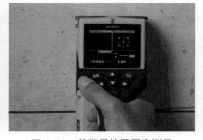

图 4-12　基础立柱尺寸测量　　　　图 4-13　基础保护层厚度测量

3）混凝土表面平整，无蜂窝麻面，无破损。基础表面平整无破损如图 4-14 所示。

图 4-14　基础表面平整无破损

4）整基基础中心位移：横线路 30mm，顺线路 30mm。

5）整基基础扭转：一般塔 10′，高塔 5′。

6）回填土：无沉陷、防沉层完整美观。

7）同组地脚螺栓中心或插入角钢（钢管）形心对设计偏移值：10mm。地脚螺栓根开测量如图 4-15 所示。

图 4-15　地脚螺栓根开测量

8）基础顶面或主角钢（钢管）操平印记间高差：5mm。

9）插入式基础的主角钢（钢管）倾斜率：3‰。

10）基础根开及对角线尺寸（mm）：一般塔螺栓式 ±0.2%，一般塔插入式 ±0.1%，高塔 ±0.07%。

（18）岩石、掏挖基础检查（检验）主控项目及评定标准（允许偏差）：

1）地脚螺栓（锚杆）及钢筋规格、数量应符合设计要求。

2）土质、岩石性质符合设计要求。

3）混凝土强度不小于设计值。混凝土强度回弹检测如图 4-16 所示。

4）底板断面尺寸（mm）不得有负偏差。基坑断面尺寸测量如图 4-17 所示。

图 4-16　混凝土强度回弹检测

图 4-17　基坑断面尺寸测量

5）基础埋深：+100mm，0。

6）锚杆埋深：+100mm，0。

7）锚杆孔径：+20mm，0。

（19）岩石、掏挖基础检查（检验）一般项目及评定标准（允许偏差）：

1）钢筋保护层厚度：−5mm。

2）混凝土表面平整，无蜂窝麻面，无破损。

3）立柱断面尺寸（mm）不得有负偏差。

4）整基基础中心位移：横线路 30mm，顺线路 30mm。

5）整基基础扭转：一般塔 10′，高塔 5′。

6）同组地脚螺栓中心对立柱中心偏移：10mm。

7）基础顶面高差：5mm。

8）基础根开及对角线尺寸（mm）：螺栓式 ±0.2%，插入式 ±0.1%，高塔 ±0.07%。

9）防风化层符合设计。

三、混凝土灌注桩基础

（1）灌注桩基础成孔后应立即检查成孔质量，尺寸应符合下列规定：

1）孔径的负偏差不得大于 50mm。

2）孔垂直度应小于桩长 1%。

3）孔深不应小于设计深度。

（2）钢筋骨架应符合设计要求，制作允许偏差应符合下列规定：

1）主筋间距允许偏差应为 ±10mm。

2）箍筋间距允许偏差应为 ±20mm。

3）钢筋骨架直径允许偏差应为 ±10mm。

4）钢筋骨架长度允许偏差应为 ±50mm。

（3）钢筋骨架安装前应采取设置定位钢环、混凝土垫块等保证保护层厚度的措施。钢筋骨架吊装中应避免碰撞孔壁，就位符合设计要求后应随即固定。当钢筋骨架重量较大、尺寸较长时，应有防止吊装变形的措施。

（4）水下灌注的混凝土应具有良好的和易性，坍落度宜为 180~220mm。

（5）混凝土灌注到地面后应清除桩顶部浮浆层，单桩基础可安装桩头模板，找正地脚螺栓，灌注桩头混凝土。桩头模板与灌注桩直径应吻合，不得出现凹凸现象。地面以上桩基础应表面光滑。群桩基础的承台应在桩的整体性能检测合格后施工。

（6）开始灌注混凝土时，导管内隔水球的位置应临近水面。首次灌注时，导管内的混凝土应能保证将隔水球从导管内顺利排出，并应将导管埋入混凝土中 0.8~1.2m。

（7）混凝土灌注过程中，导管底端埋入混凝土的深度不应小于 1.5m。

（8）水下混凝土的灌注应连续进行，不得中断。

（9）灌注桩基础检查（检验）主控项目及评定标准（允许偏差）：

1）地脚螺栓及钢筋规格、数量：符合设计要求。

2）混凝土强度不小于设计值。

3）桩深（mm）不小于设计值。

4）桩身完整性应符合设计要求，无断桩。

（10）灌注桩基础检查（检验）一般项目及评定标准（允许偏差）：

1）清孔：符合 JGJ 94—2008《建筑桩基技术规范》的要求。

2）充盈系数 a：一般土不小于 1，软土不小于 1.1。

3）桩径、桩垂直度：符合 JGJ 94—2008《建筑桩基技术规范》的要求。

4）连梁（承台）标高（mm）符合设计。

5）混凝土表面平整，无蜂窝麻面，无破损。

6）桩钢筋保护层厚度：水下 –20mm，非水下 –10mm。

7）连梁（承台）断面尺寸（mm）：–1%。

8）连梁（承台）钢筋保护层厚度：–5mm。

9）整基基础中心位移：顺线路 30mm，横线路 30mm。

10）整基基础扭转：一般塔 10′，高塔 5′。

11）同组地脚螺栓中心、插入角钢（钢管）基准线对设值偏移：10mm。

12）基础顶面间高差：5mm。

13）基础根开及对角线尺寸（mm）：一般塔地脚螺栓式 ±0.2%，高塔 ±0.07%。

四、冬期、高温与雨期施工

（1）当室外日平均气温连续 5 天低于 5℃时，混凝土基础工程应采取冬期施工措施，并应及时采取可应对气温突然下降的防冻措施，当室外日平均气温连续 5 天高于 5℃时可解除冬期施工。

（2）当日平均气温达到 30℃及以上时，应按高温施工要求采取措施。

（3）冬雨季施工采取相应措施。

（4）冬期施工混凝土的粗、细骨料中，不得含有冰、雪、冻块及其他易冻裂物质。

（5）冬期钢筋焊接宜在室内进行，当在室外焊接时，其最低气温不宜低于 −20℃，焊接后未冷却的接头应避免碰到冰雪。

（6）冬期拌制混凝土时应优先采用加热水的方法，拌和水的最高加热温度不得超过 60℃，骨料的最高加热温度不得超过 40℃。水泥不应与 80℃ 以上的水直接接触，投料顺序应先投入骨料和已加热的水，然后再投入水泥。当骨料不加热时，水可加热到 100℃。

（7）水泥不应直接加热，宜在使用前运入暖棚内存放。混凝土拌和物的入模温度不得低于 5℃。

（8）冬期施工混凝土浇筑前应清除地基、模板和钢筋上的冰雪和污垢，已开挖的基坑底面应有防冻措施。

（9）冬期混凝土养护宜选用蓄热法、综合蓄热法、暖棚法、蒸汽养护法、电加热法或负温养护法。当采用暖棚养护法时，混凝土养护温度不应低于 5℃，并应保持混凝土表面湿润。

（10）高温施工应符合下列规定：

1）高温施工时，对露天堆放的粗、细骨料应采取遮阳防晒等措施。

2）混凝土坍落度不宜小于 70mm。

3）混凝土拌和物出机温度不宜大于 30℃。

4）混凝土浇筑入模温度不应高于 35℃。

5）混凝土浇筑宜在早间或晚间进行，且宜连续浇筑。

6）混凝土浇筑前，施工作业面宜采取遮阳措施，并应对模板、钢筋和施工机具采用洒水等降温措施，但浇筑时模板内不得有积水。

7）混凝土浇筑完成后，应及时进行保湿养护。模板拆除前宜采用带模湿润养护。

（11）基坑回填应分层夯实。

五、铁塔基础质量通病

铁塔基础质量通病及其防范措施包括以下几个方面：

（1）混凝土基础存在蜂窝、麻面、裂缝、二次修饰问题。基础表面平整光滑如图 4-18 所示。

（2）未对基础进行成品保护，造成基础棱角磕碰、损伤。基础成品保护如图 4-19 所示。

图 4-18　基础表面平整光滑

图 4-19　基础成品保护

（3）钢筋保护层厚度不符合设计要求。

防范措施> 基础施工，严格执行验收制度，检查钢筋、模板距离，确保保护层厚度是否符合设计要求。

（4）保护帽麻面、磕碰、二次修饰、混凝土浆污染塔材及螺栓。

防范措施> 保护帽顶面应适度放坡，混凝土初凝前进行压实收光，确保顶面平整光洁。保护帽拆模时应保证其表面及棱角不损坏，混凝土应一次浇筑成型，杜绝二次抹面、喷涂等修饰，塔腿及基础顶面的混凝土浆要及时清理干净。保护帽表面平整无麻面，塔材和螺栓无污染如图 4-20 所示。

（5）基础回填土沉降。

图 4-20　保护帽表面平整无麻面，
塔材和螺栓无污染

防范措施 杆塔基础坑及拉线基础坑的回填应分层夯实，回填后坑口上应筑防沉层，其上部边宽不得小于坑口边宽。有沉降的防沉层应及时补填夯实，工程移交时回填土不应低于地面。

石坑应以石子与土按 3：1 的比例掺和后回填夯实。石坑回填应密实，回填过程中石块不得相互叠加，并应将石块间缝隙用碎石或砂土充实。

基础回填土夯实平整如图 4-21 所示。

图 4-21 基础回填土夯实平整

第5章 杆塔工程质量

（1）组塔前基础混凝土强度必须达到设计值的70%。

（2）塔材外观检查无弯曲、变形、脱锌、错孔、磨损，严禁强行组装。塔材补强、镀锌层保护如图5-1所示。

（3）杆塔组立过程中，应防止构件变形或损坏。

（4）杆塔各构件的组装应牢固，交叉处有空隙时应装设相应厚度的垫圈或垫板。

（5）当采用螺栓连接构件时，应符合下列规定：

1）螺栓应与构件平面垂直，螺栓头与构件间的接触处不应有间隙。

2）螺母紧固后，螺栓露出螺母的长度：单螺母不应小于2个螺距；双螺母可与螺母相平。

3）螺栓加垫时，每端不宜超过2个垫圈。

4）连接螺栓的螺纹不应进入剪切面。

（6）转角塔、终端塔受力反方向预倾斜符合规定。

（7）杆塔连接螺栓应逐个紧固，螺栓紧固力矩符合要求，穿向应一致美观。防盗螺栓安装高度符合设计要求，防松帽安装齐全。铁塔防松罩安装如图5-2所示。

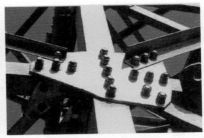

图5-1 塔材补强、镀锌层保护　　　　图5-2 铁塔防松罩安装

（8）对立体结构，螺栓的穿入方向应符合下列规定：

1）水平方向应由内向外。

2）垂直方向应由下向上。

3）斜向者宜由斜下向斜上穿，不便时应在同一斜面内取统一方向。铁塔螺栓穿向符合规定如图 5-3 所示。

（9）对平面结构，螺栓的穿入方向应符合下列规定：

1）顺线路方向，应由小号侧穿入或按统一方向穿入。

2）横线路方向，两侧应由内向外，中间应由左向右或按统一方向穿入。

3）垂直地面方向，应由下向上。

4）斜向者宜由斜下向斜上穿，不便时应在同一斜面内取统一方向。

5）对于十字形截面组合角钢主材肢间连接螺栓，应顺时针安装。

（10）安装高强度螺栓时，严禁强行穿入，严禁气割扩孔。

（11）地脚螺栓要打毛，如图 5-4 所示。

图 5-3　铁塔螺栓穿向符合规定

图 5-4　地脚螺栓打毛

（12）杆塔连接螺栓在组立结束时应全部紧固一次，检查扭矩值合格后方可架线。架线后，螺栓还应复紧一遍。地脚螺栓紧固如图 5-5 所示。

图 5-5　地脚螺栓紧固

（13）钢管塔法兰的连接螺栓紧固时应均匀受力且对称循环进行。

（14）铁塔组立后，各相邻主材节点间弯曲度不得超过 1/750。主材平直无弯曲如图 5-6 所示。

（15）铁塔组立后，塔脚板应与基础面接触良好，有空隙时应用铁片垫实，并应浇筑水泥砂浆。铁塔应检查合格后方可浇筑混凝土保护帽，其尺寸应符合设计规定，并应与塔脚结合严密，不得有裂缝。

（16）自立式铁塔组立检查（检验）主控项目及评定标准（允许偏差）：

1）部件规格、数量符合设计要求。

2）节点间主材弯曲：1/750。

3）转角塔、终端塔倾斜符合设计要求。

（17）自立式铁塔组立检查（检验）一般项目及评定标准（允许偏差）：

1）直线塔结构倾斜：一般塔不大于 0.24%，高塔不大于 0.12%。

2）螺栓与构件面接触及出扣情况：符合 GB 50233—2014《110kV～750kV 架空输电线路施工及验收规范》的规定。螺栓安装出扣一致如图 5-7 所示。

图 5-6　主材平直无弯曲　　　　图 5-7　螺栓安装出扣一致

3）螺栓防松符合设计要求。

4）螺栓防卸符合设计要求。

5）脚钉符合设计要求。

6）螺栓紧固：符合 GB 50233—2014《110kV～750kV 架空输电线

路施工及验收规范》的规定，且紧固率组塔后不小于 95%，架线后不小于 97%。

7）螺栓穿向：符合 GB 50233—2014《110kV~750kV 架空输电线路施工及验收规范》的规定。螺栓穿向符合工艺要求如图 5-8 所示。

8）保护帽符合设计要求。

（18）铁塔塔身质量通病。

1）塔脚板与铁塔主材间有缝隙，未封堵防水。塔脚板与铁塔主材间无缝隙如图 5-9 所示。

图 5-8　螺栓穿向符合工艺要求　　　图 5-9　塔脚板与铁塔主材间无缝隙

保护帽宽度宜不小于距塔脚板每侧 50mm。高度应以超过地脚螺栓 50~100mm 为宜并不小于 300mm，主材与靴板之间的缝隙应采取密封（防水）措施。

2）防盗螺栓缺失、安装不到位，安装高度不满足设计要求。

防盗螺栓安装到位，扣紧螺母安装齐全，防盗螺栓安装高度符合设计要求。

3）螺栓安装及露扣不规范。

螺栓穿向应一致美观。螺母拧紧后，螺杆露出螺母的长度：单螺母不应小于两个螺距双螺母可与螺母相平。螺栓露扣长度不应超过 20mm 或 10 个螺距。

4）塔材交叉处垫圈或垫板安装错误。构件交叉处装设相应厚度的垫圈如图 5-10 所示。

杆塔各构件的组装应牢固，交叉处有空隙时应装设相应厚度的垫圈或垫板。

5）地脚螺栓、塔材扩孔。

杆塔部件组装有困难时应查明原因，不得强行组装。个别螺孔需扩孔时，扩孔部分不应超过 3mm，当扩孔需超过 3mm 时，应先堵焊再重新打孔，并应进行防锈处理，不得用气割扩孔或烧孔。

6）脚钉弯钩朝向不一致，脚蹬侧露丝。脚钉安装工艺如图 5-11 所示。

图 5-10　构件交叉处装设相应厚度的　　　　图 5-11　脚钉安装工艺
　　　　　　垫圈

杆塔脚钉安装应齐全，脚蹬侧不得露丝，弯钩朝向应一致向上。

第6章　架线工程质量

一、一般规定

放线滑车使用前应进行检查并确保转动灵活。

二、张力放线

（1）张力放线时，直线接续管通过滑车时应加装保护套。接续管采用保护钢甲如图 6-1 所示。

图 6-1　接续管采用保护钢甲

（2）张力放线过程中应有防止产生导线松股、断股、鼓包、扭曲等现象的措施。

（3）张力放线、紧线及附件安装时，应防止导线和良导体地线损伤，在容易产生损伤处应采取有效的预防措施。

（4）外层导线线股有轻微擦伤，擦伤深度不超过单股直径的 1/4，或截面积损伤不超过导电部分截面积的 2% 时，可不补修，可用 0 号以下的细砂纸磨光表面棱刺。

（5）当导线损伤已超过轻微损伤，但在同一处损伤的强度损失尚不超过设计使用拉断力的 8.5% 或损伤截面积不超过导电部分截面积的 12.5% 时应为中度损伤。中度损伤应采用补修管或带金刚砂的预绞丝补修。

（6）有下列情况之一时应定为严重损伤，达到严重损伤时，应将损伤部分全部锯掉，并应用接续管或带金刚砂的预绞丝将导线重新连接：

1）强度损失超过设计计算拉断力的 8.5%。

2）截面积损伤超过导电部分截面积的 12.5%。

3）损伤的范围超过一个预绞丝允许补修的范围。

4）钢芯有断股。

5）金钩、破股和灯笼已使钢芯或内层线股形成无法修复的永久变形。

（7）导线、地线含（OPGW）展放施工检查（检验）主控项目及评定标准（允许偏差）：

1）导线、地线及 OPGW 规格：符合设计要求。

2）因施工损伤补修处理，不锈管（预绞丝）数量：符合 GB 50233—2014《110kV～750kV 架空输电线路施工及验收规范》的规定。

3）接头档符合 GB 50233—2014《110kV～750kV 架空输电线路施工及验收规范》的规定。

（8）导线、地线含（OPGW）展放施工检查（检验）一般项目及评定标准（允许偏差）：

1）同一档内接续管与补修管（预绞丝）数量：符合 GB 50233—2014《110kV～750kV 架空输电线路施工及验收规范》的规定。

2）各压接管与线夹、间隔棒间距：符合 GB 50233—2014《110kV～750kV 架空输电线路施工及验收规范》的规定。

3）导线、地线及 OPGW 观感质量：符合 GB 50233—2014《110kV～750kV 架空输电线路施工及验收规范》的规定。导线无松股如图 6-2 所示。

图 6-2 导线无松股

三、连接

（1）同一档内连接管与修补管数量每线只允许各有一个。

（2）不同金属、不同规格、不同绞制方向的导线严禁在一个耐张段内连接。

（3）不允许接头档内，严禁接续。

（4）导线或架空地线应采用液压连接，必须经过压接培训并经考试合格，压接自检合格后应在压接管上打上操作人员钢印。

（5）切割导线铝股时严禁伤及钢芯。

（6）导线切割及连接应符合下列规定：

1）切口应整齐。

2）导线及架空地线的连接部分不得有线股绞制不良、断股、却股等质量问题。

3）连接后管口附近不应有明显的松骨现象。

（7）采用液压连接导线时，导线连接部分外层铝股在擦洗后应均匀地涂上一层电力复合脂，如图 6-3 所示，并应用细钢丝刷清刷表面氧化膜，导线清洁如图 6-4 所示，保留电力复合脂进行连接。压前接续管检查如图 6-5 所示。

图 6-3 涂抹电力复合脂

图 6-4 导线清洁

（8）接续管及耐张管压后应检查外观质量，并应符合下列规定：

1）应使用精度不低于 0.02mm 的游标卡尺测量压后尺寸，压后对边距最大值不应超过尺寸推荐值。对压接后的铝管进行测量如图 6-6 所示。

图 6-5 压前接续管检查

图 6-6 对压接后的铝管进行测量

2）飞边、毛刺及表面未超过允许的损伤应锉平并用 0 号以下细砂纸磨光。压接后无飞边、毛刺如图 6-7 所示。

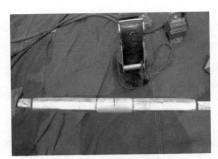

图 6-7 压接后无飞边、毛刺

3）压后应平直，有明显弯曲时应校直，弯曲度不得大于 2‰。

4）校直后不得有裂纹，达不到规定时应割断重接。

5）钢管压后应进行防腐处理。

（9）导线连接部分不得有散股、断股等缺陷，不允许有毛刺。

（10）在一个档距内，每根导线或架空地线上不应超过一个接续管和两个补修管，并应符合下列规定：

1）各类管与耐张线夹出口间的距离不应小于 15m。

2）接续管或补修管出口与悬垂线夹中心的距离不应小于 5m。

3）接续管或补修管出口与间隔棒中心的距离不宜小于 0.5m。

四、紧线

（1）导线弧垂偏差应符合设计规定。

（2）放线结束后尽快紧线。导地线宜以耐张段作为紧线段、耐张塔作为紧线操作塔。没有断开点的 OPGW 多个耐张段连续紧线时，应由远至近逐段完成各耐张段紧线。紧线施工如图 6-8 所示。

图 6-8　紧线施工

（3）弧垂观测与调整，观相邻两观测档间距不宜超过 4 个线档；宜选择连续倾斜档的高处和低处、较高悬挂点的前后两侧、相邻紧线段的接合处、重要被跨越物附近的线档；宜选档距较大、悬挂点高差较小的线档；宜选对邻近线档监测范围较大的塔号作为观测站；不宜选邻近转角塔的线档；可采用平行四边形法、异长法、角度法、平视法观测和检查弧垂。

（4）挂线需注意过牵引长度控制。

（5）弧垂观测档的选择应符合下列规定：

1）紧线段在 5 档及以下时应靠近中间选择一档。

2）紧线段在 6~12 档时应靠近两端各选择一档。

3）紧线段在 12 档以上时应靠近两端及中间可选 3~4 档。

4）观测档宜选档距较大和悬挂点高差较小及接近代表档距的线档。

5）弧垂观测档的数量可根据现场条件适当增加，但不得减少。

（6）导线、地线（含 OPGW）紧线施工检查（检验）主控项目及评定标准（允许偏差）：

1）相位排列符合设计。

2）对交叉跨越物及对地距离符合要求。

3）耐张连接金具、绝缘子规格和数量符合设计。

（7）导线、地线（含 OPGW）紧线施工检查（检验）一般项目及评定标准（允许偏差）：

1）导、地线及 OPGW 弧垂（挂线后）。一般档距 110kV：+5%，－2.5%；220～750kV：±2.5%。大于 800m 档距：±1%，最大 1000mm。

2）导线相间弧垂偏差。一般档距：300mm，大于 800m 档距：500mm。

3）导线同相子导线弧垂误差：50mm。同相子导线弧垂工艺如图 6-9 所示。

图 6-9　同相子导线弧垂工艺

五、附件安装

（1）绝缘子安装前应逐个（串）表面清理干净，并逐个（串）进行外观检查。瓷（玻璃）绝缘子安装时应检查碗头、球头与弹簧销子之间的间隙。在安装好弹簧销子的情况下，球头不得自碗头中脱出。验收前应清除（玻璃）表面的污垢。有机复合绝缘子表面不应有开裂、脱落、破损等现象（玻璃绝缘子无损坏如图 6-10 所示，复合绝缘子无脱落如图 6-11 所示），绝缘子的芯棒，且与端部附近不应有明显的歪斜。

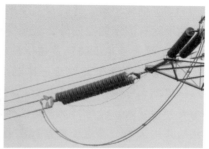

图 6-10　玻璃绝缘子无损坏　　　　　图 6-11　复合绝缘子无脱落

（2）金具的镀锌层有局部碰损剥落或缺锌，应除锈后补刷防锈漆。

（3）附件安装时应采取防止工器具碰撞有机复合绝缘子伞套的措施，不得踩踏有机复合绝缘子。

（4）悬垂线夹安装后，绝缘子串应竖直，顺线路方向与竖直位置的偏移角不应超过 5°，且最大偏移值不应超过 200mm。

（5）直线塔附件安装。

1）对多分裂导线，当负荷较大时，应在横担前后同步提线。附件安装同步提线如图 6-12 所示。

2）以横担上悬挂点附近的施工孔为提线安装承力点，横担上未设置施工孔时，提线安装方法和承力点位置应经计算确定。附件安装提线如图 6-13 所示。

（6）吊钩沿线长方向的承托宽度不得小于导线直径的 2.5 倍，接触导线部分应衬胶。

图 6-12　附件安装同步提线　　　　　图 6-13　附件安装提线

（7）绝缘子串、导线及架空地线上的各种金具上的螺栓、穿钉及弹簧销子除有固定的穿向外，其余穿向应统一，并应符合下列规定：

1）单悬垂串上的弹簧销子应由小号侧向大号侧穿入。使用 W 型弹簧销子时，绝缘子大口应一律朝小号侧，使用 R 型弹簧销子时，大口应一律朝大号侧。螺栓及穿钉凡能顺线路方向穿入者，应一律由小号侧向大号侧穿入，特殊情况两边线可由内向外，中线可由左向右穿入；直线转角塔上的金具螺栓及穿钉应由上斜面向下斜面穿入。

2）单相双悬垂串上的弹簧销子应对向穿入，螺栓及穿钉的穿向应符合上面第 1 条的要求。

3）耐张串上的弹簧销子、螺栓及穿钉应一律由上向下穿；当使用 W 型弹簧销子时，绝缘子大口应一律向上；当使用 R 型弹簧销子时，绝缘子大口应一律向下，特殊情况两边线可由内向外，中线可由左向右穿入。

4）分裂导线上的穿钉、螺栓应一律由线束外侧向内穿。

（8）开口销和闭口销不应有折断和裂纹等现象，当采用开口销时应对称开口，开口角度不宜小于 60°，不得用线材和其他材料代替开口销和闭口销。

（9）各种类型的铝质绞线，在与金具的线夹夹紧时，除并沟线夹及使用预绞丝护线条外，安装时应在铝股外缠绕铝包带，缠绕时应符合下列规定：

1）铝包带应缠绕紧密，缠绕方向应与外层铝股的绞制方向一致。

2）所缠铝包带应露出线夹，但不应超过 10mm，端头应回缠绕于线夹内压住。设计有要求时应按设计要求执行。

（10）安装预绞丝护线条时，每条的中心与线夹中心应重合，对导线包裹应紧密。

（11）防振锤及阻尼线与被连接的导线或架空地线应在同一铅垂面内，设计有要求时应按设计要求安装。其安装距离允许偏差应为 ±30mm。

（12）防振锤分大小头时，大小头及螺栓穿向应符合图纸要求，锤头应垂直地面且不得歪扭。防振锤安装工艺如图 6-14 所示。

（13）间隔棒平面应垂直于导线，各相（极）导线间隔棒的安装位置应符合设计要求。三相（两极）要在同一垂直面上，严禁迈步。间隔棒安装如图 6-15 和图 6-16 所示。

图 6-14　防振锤安装工艺

图 6-15　间隔棒安装工艺

（14）绝缘架空地线放电间隙的安装距离允许偏差应为 ±2mm。

（15）柔性引流线应呈近似悬链线状自然下垂，对铁塔及拉线等的电气间隙应符合设计规定。使用压接引流线时，中间不得有接头。刚性引流线的安装应符合设计要求。刚性引流线安装工艺如图 6-17 所示。

图 6-16　间隔棒安装

图 6-17　刚性引流线安装工艺

（16）铝制引流连板及并沟线夹的连接面应平整、光洁、安装应符合下列规定：

1）安装前应检查连接面是否平整，耐张线夹引流连板的光洁面应与引流线夹连板的光洁面接触。

2）使用汽油洗擦连接面及导线表面污垢后，应先涂一层电力复合脂，再用细钢丝刷清除有电力复合脂的表面氧化膜。

3）应保留电力复合脂，并应逐个均匀地紧固连接螺栓。螺栓的扭矩应符合该产品说明书的要求。

（17）地线与门构架的接地线连接应接触良好，顺畅美观。

（18）跳线安装工艺如图6-18所示。

1）地面组装，整体起吊，空中就位。

2）吊点4套，其中2套作为人力辅助起吊工具。

3）安装后，应测量跳线对杆塔的最小距离，距离应符合设计文件要求。

（19）任何气象条件下，跳线均不得与金具相摩擦、碰撞。

（20）导线、地线（含OPGW）附件安装施工检查（检验）主控项目及评定标准（允许偏差）：

1）金具规格数量：符合设计及GB 50233—2014《110kV～750kV架空输电线路施工及验收规范》的要求。

2）跳线：弧垂（m）、对杆塔间隙（m）：符合设计要求。跳线弧垂工艺如图6-19所示。

图6-18 跳线安装工艺　　　　　图6-19 跳线弧垂工艺

3）绝缘子的规格、数量：符合GB 50233—2014《110kV～750kV架空输电线路施工及验收规范》的要求。

（21）导线、地线（含OPGW）附件安装施工检查（检验）一般项目及评定标准（允许偏差）：

1）跳线连板及并沟线夹连接：符合设计及GB 50233—2014《110kV～750kV架空输电线路施工及验收规范》的规定。

2）开口销及弹簧销符合设计要求。

3）跳线制作：符合GB 50233—2014《110kV～750kV架空输电线路施工及验收规范》的要求。跳线工艺如图6-20所示。

4）跳线绝缘子串数量符合设计要求。

5）悬垂绝缘子串倾斜偏差：5°、最大 300mm。

6）导线防振锤及阻尼线安装距离：±30mm。

7）地线及 OPGW 防振锤安装距离：±30mm。

8）绝缘地线放电间隙：±2mm。

9）屏蔽环、均压环安装符合设计要求。均压环安装工艺如图 6-21 所示。

图 6-20　跳线工艺　　　　　　　　图 6-21　均压环安装工艺

10）间隙棒安装：第 1 个：±1.5%L'（L' 为次档距），中间：±3.0%L'。

11）OPGW 接续盒及余缆架安装：符合设计要求。

12）OPGW 引下线安装符合设计要求。

13）铝包带、预绞丝缠绕：符合 GB 50233—2014《110kV～750kV 架空输电线路施工及验收规范》的规定。

14）绝缘子锁紧销子及螺栓穿入方向：符合 GB 50233—2014《110kV～750kV 架空输电线路施工及验收规范》的规定。

六、光纤复合架空地线（OPGW）架设

（1）光纤符合架空地线盘应呈直立状态存放、装卸及运输，不得平放。

（2）牵张机的进出线仰角应符合制造厂商要求，不宜大于 25°，水

平偏角应小于 7°。

（3）张力牵引过程中，初始速度应控制在 5m/min 以内，正常运转后牵引速度不宜超过 60m/min。

（4）光纤复合架空地线在展放过程中不应出现跳槽、跑线、金钩等情况。

（5）牵张设备应有可靠地接地，牵引过程中导引绳和光纤复合架空地线应挂接地滑车。

（6）光纤复合架空地线架设过程中不应与地面直接接触，光纤复合架空地线与地面接触位置应有隔离保护措施。收余线时，不得拖放。

（7）光纤的熔接应符合下列要求：

1）熔接应由专业人员操作，如图 6-22 所示。

2）剥离光纤的外层套管、骨架时不得损伤光纤。

3）应防止光纤接线盒内有潮气或水分进入，安装接线盒时螺栓应紧固，橡皮封条应安装到位。

4）光纤熔接后应进行接头光纤衰耗值测试，不合格者应重接。光纤衰耗测试如图 6-23 所示。

图 6-22 专业人员操作光纤熔接

图 6-23 光纤衰耗测试

5）雨天、大风、沙尘等恶劣天气或空气湿度过大时不应熔接。

（8）引下线夹具的安装应保证光纤复合架空地线顺直、圆滑，不得有硬弯、折角。

（9）附件安装前光纤复合架空地线应接地。提线时与光纤复合架空地线接触的工具应包橡胶或缠绕铝包带，不得以硬质工具接触光纤复合架空地线表面。

（1）悬垂绝缘子串偏移超差。悬垂线夹绝缘子串竖直如图 6-24 所示。

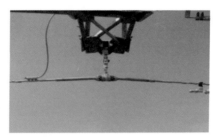

图 6-24　悬垂线夹绝缘子串竖直

悬垂线夹安装后，绝缘子串应竖直，顺线路方向与竖直位置的偏移角不应超过 5°，且最大偏移值不应超过 200mm。连续上（下）山坡处杆塔上的悬垂线夹的安装位置应符合设计规定。

（2）导线间隔棒不在同一竖直面上。导线间隔棒安装在同一竖直面如图 6-25 所示。

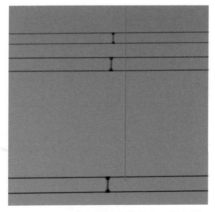

图 6-25　导线间隔棒安装在同一竖直面

分裂导线的间隔棒的结构面应与导线垂直，杆塔两侧第一个间隔棒的安装距离允许偏差为端次档距的 ±1.5%，其余为次档距的 ±3%。各相间隔棒宜处于同一竖直面。

（3）第 3 项：防震锤与导地线未在同一铅垂面、大小头装反。

防振锤及阻尼线与被连接的导线或架空地线应在同一铅垂面内，设计有要求时应按设计要求安装。其安装距离允许偏差为 ±30mm。

（4）第 4 项：耐张管压后弯曲，飞边、毛刺未处理。导线耐张管压接后平直如图 6-26 所示。

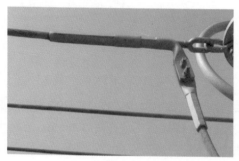

图 6-26　导线耐张管压接后平直

飞边、毛刺及表面未超过允许的损伤应锉平并用 0 号以下细砂纸磨光；压后应平直，有明显弯曲时应校直，弯曲度不得大于 2%。

（5）第 5 项：金具销子穿向不一致，开口不到位。金具销子穿向一致如图 6-27 所示。

图 6-27　金具销子穿向一致

七、架线工程质量通病

　　绝缘子串、导线及架空地线上的各种金具上的螺栓、穿钉及弹簧销子除有固定的穿向外，其余穿向应统一；金具上所用的闭口销的直径应与孔径相配合，且弹力适度。开口销和闭口销不应有折断和裂纹等现象，当采用开口销时应对称开口，开口角度不宜小于 60°，不得用线材和其他材料代替开口销和闭口销。

　　（6）铝包带缠绕不紧密，回头未压在线夹内，露出线夹过长。铝包带缠绕紧密如图 6-28 所示。

图 6-28　铝包带缠绕紧密

　　铝包带应缠绕紧密，缠绕方向应与外层铝股的绞制方向一致；所缠铝包带应露出线夹，但不应超过 10mm，端头应回缠绕于线夹内压住。

　　（7）光缆未沿主材引下，固定间距太大，与塔材相碰，未使用余缆夹固定。光缆引下固定工艺如图 6-29 所示。

图 6-29　光缆引下固定工艺

　　夹具安装在铁塔主材内侧引下，间距为 1.5～2m，安装时要保证 OPGW 顺直，耐张线夹 OPGW 引出端应自然、顺畅、美观。余缆紧密缠绕在余缆架上。余缆架用专用夹具固定在铁塔内侧的适当位置。塔上余缆固定及接线盒安装如图 6-30 所示。

图 6-30　塔上余缆固定及接线盒安装

　　（8）引流板未涂抹电力复合脂。使用汽油洗擦连接面及导线表面污垢后，先涂一层电力复合脂，再用细钢丝刷清除有电力复合脂的表面氧化膜；保留电力复合脂，并逐个均匀地紧固连接螺栓。

第7章　接地工程

（1）杆塔的每一腿都应与接地体线连接；接地体的规格、埋深不应小于设计规定。

（2）接地埋深平地及耕种不小于0.8m，山地不小于0.6m，岩石地区不小于0.3m，沿等高线敷设。接地沟开挖深度测量如图7-1所示。

（3）水平接地体埋设应符合下列规定：

1）遇倾斜地形宜沿等高线埋设。

2）两接地体间的水平距离不应小于5m。

（4）接地体敷设应平直，如图7-2所示。

图7-1　接地沟开挖深度测量

图7-2　接地体敷设平直

第8章 接地线沿等高线埋设

（1）接地体间连接前应清除连接部位的浮锈。

（2）接地体间应连接可靠。

（3）接地体采用搭接施焊，圆钢搭接长度不小于其直径的 6 倍并应双面施焊，扁钢的搭接长度不应小于其宽度的 2 倍并应四面施焊。接地焊接工艺如图 8-1 所示。

（4）接地体的连接部位应采取防腐措施，防腐范围不应少于连接部位两端各 100mm。

（5）接地引下线与杆塔的连接应接触良好、顺畅美观，并便于运行测量和检修。若引下线直线从地线引下时，引下线应紧靠杆（塔）身，间隔固定距离应满足设计要求。

（6）接地螺栓安装应设防松螺母或防松垫片，宜采用可拆卸的防盗螺栓；引下线弯曲度应与保护帽和基础一致，如图 8-2 所示。

图 8-1　接地焊接工艺

图 8-2　引下线弯曲度应与保护帽和基础一致

（7）接地电阻的测量可采用接地装置专用测量仪表。所测得的接地电阻值不应大于设计工频接地电阻值。

1）采用降阻剂降低接地电阻时，接地槽尺寸及包裹范围应符合设计规定；采用接地降阻模块降低电阻时，应符合设计规定。

2）铁塔接地质量通病。

第 1 项：接地体焊接未刷防腐漆或防腐不满足规范要求。接地体按规定刷防腐漆如图 8-3 所示。

图 8-3　接地体按规定刷防腐漆

热镀锌钢材焊接时，在焊痕外 100mm 范围内应采取可靠的防腐处理。在防腐处理前，表面应除锈并去掉焊接处残留的焊药。

第 2 项：接地引下线螺栓未采取防松措施、缝隙。接地螺栓使用防松螺母如图 8-4 所示。

图 8-4　接地螺栓使用防松螺母

接地线与杆塔的连接应可靠且接触良好，并应便于打开测量接地电阻。

　　接地引下线与杆塔的连接应接触良好，顺畅、美观，便于运行测量检修。接地螺栓安装应设防松螺母或防松垫片，宜采用可拆卸的防盗螺栓。

　　第3项：接地引下线镀锌层损伤、锈蚀。接地引下线镀锌层完好如图8-5所示。

图 8-5　接地引下线镀锌层完好

　　除临时接地装置外，接地装置采用钢材时均应热镀锌，水平敷设的应采用热镀锌的圆钢和扁钢，垂直敷设的应采用热镀锌的角钢、钢管或圆钢。

　　第4项：接地埋深不够，接地体焊接长度、接地电阻不合格。接地埋深测量如图8-6所示，接地电阻值测量如图8-7所示。

图 8-6　接地埋深测量　　　　　　图 8-7　接地电阻值测量

第9章　工程验收

一、隐蔽工程

（1）基础坑深、断面尺寸及地基处理情况。

（2）钢筋及预埋件的规格、尺寸、数量、位置、断面尺寸及混凝土保护层厚度。

（3）压接管的内径、外径、压接长度。

（4）导地线修补及线股损伤情况。

（5）接地装置的埋设情况。

二、基础工程

（1）基础尺寸偏差。

（2）地脚螺栓中心或插入式角钢形心对立柱中心偏移。

（3）回填土情况。

三、杆塔工程

（1）杆塔结构倾斜。

（2）螺栓紧固度及穿向。

（3）拉线方向及角度。

（4）保护帽浇筑质量。

四、架线工程

（1）导地线弧垂。

（2）绝缘子规格、数量、倾斜。

（3）金具规格、数量，金具螺栓、销钉规格、数量、穿向。

（4）杆塔在架线后倾斜与挠曲。

（5）放电间隙。

（6）接头、修补的位置及数量。

（7）防振锤、间隔棒数量及安装位置。

（8）导线对地及跨越物的安全距离。

五、接地工程

（1）实测接地电阻值。

（2）接地引下线与杆塔连接情况。

六、竣工验收

（1）线路走廊障碍物处理情况。

（2）临时接地线的拆除。